死ぬまでに見たい！

絶景のシロクマ

Ecce Homo, Polar Bears in Great Nature

X-Knowledge

In The Cold of The Polar Regions

シロクマの世界

シロクマは海の動物

ノルウェー、スバールバル諸島

北極圏にあるスバールバル諸島の夏、エサ場の氷原《ひょうげん》が遠く去った海に浮かぶ流氷に休むシロクマ。体長2.5m、体重はオスで800kgに達する地上最大の肉食獣といわれますが、実はクジラやイルカと同じ、海に暮らす海生《かいせい》ほ乳類の仲間です。全身が白く見えることからシロクマ、生息域からホッキョクグマとも呼ばれ、世界に2万〜2万5千頭が生息しています

オスはメスの2倍の大きさ

カナダ、ハドソン湾

1頭の母グマが2頭の子どもを連れて果てしなく広がる流氷の上を歩いています。ここはシロクマが暮らす南限といわれるハドソン湾です。シロクマの雌雄は大きさがまったく異なり、メスはオスの半分くらい、体重200〜350kg、妊娠時でも最大500kgほどです。シロクマの子育てはメスだけで行う完全な母子家庭。子グマは2歳半くらいまで母グマと過ごし、この間ずっと授乳されます。野生動物でも、かなり甘やかされる?子グマたちですが、ハドソン湾西部のシロクマだけは特殊。離乳は1歳半が一般的なので、この親子は、そろそろ離乳の時期でしょうか

母子グマの安住の氷

カナダ、バフィン島

カナダの北東部、北極圏に位置するバフィン島は、日本の1.3倍以上もある巨大な島です。断崖絶壁をのぞむ岸には定着氷《ていちゃくひょう》が広がっており、その上を1頭の母グマと2頭の子グマが歩いています。海の表面が凍った海氷《かいひょう》は、岸に凍りついた定着氷と沖合をただよう流氷の2種類があり、シロクマの母子は比較的安全な定着氷で主に暮らしています

テーブル型氷山にたたずむ

カナダ、バフィン島

カナダのバフィン島イザベラ湾に巨大な氷山が浮かび、そのフチにシロクマがたたずんでします。イザベラ湾はホッキョククジラの生息地としても知られ、国の野生動物保護区です。湾内のアークティック港の氷山は、上面が平らな卓上（テーブル）型で、北極海より南極海でよく見られるタイプ

氷河でアザラシを探す

カナダ、スバールバル諸島

スバールバル諸島の氷河から融けだした水が滝のようにほとばしり出ています。氷河そのものはアザラシなどのエサを捕れるわけでもなく、シロクマの生活圏ではありません。ただ、氷河と海の氷が出会う場所にアザラシが多く、危険なクレパスが多いにもかかわらず、移動のために氷河のフチなどをシロクマが横切る姿がよく目撃されます

海氷のハンター

ノルウェー、スバールバル諸島、スピッツベルゲン島

北極海と接するバレンツ海周辺には、およそ3千頭のシロクマが生息しています。その中心となるのがスピッツベルゲン島。リーフデ・フィヨルドから迫り出すようなモナコ氷河に接する海氷《かいひょう》の上で、シロクマが狩りの最中です。スバールバル諸島の60%は氷河におおわれており、モナコ氷河は同諸島を探検した海洋学の始祖、モナコ大公アルベール1世の功績をたたえて名づけられました

限りなく透明に近い青

ノルウェー、スバールバル諸島、スピッツベルゲン島

スピッツベルゲン島の青い氷河の前にたたずむシロクマ。オシリが盛り上がっているので、たっぷりとエサが捕れているオスでしょうか。氷河は上から見ると、氷の中に閉じ込められている気泡があらゆる光を反射するので白く見えますが、氷河の下にいくほど氷の重みによる激しい圧力で気泡がなくなってしまいます。この写真のように高密度の硬い氷は青色以外の色を吸収してしまい、鮮やかな青みがかった色に見えるのです

氷山はどこまで大きくなるか

ノルウェー、スバールバル諸島、スピッツベルゲン島

透明な氷の上から少しやせたシロクマがこちらを見ています。海から上がったばかりでしょうか、毛が垂れ気味です。スピッツベルゲン島にあるフィヨルドからただよい出た小さな氷塊《ひょうかい》。氷山は大きいものでは長さが10km以上、面積数百km^2もあり、逆に小さいものでは、自動車（氷岩《ひょうがん》）くらいから写真のような氷山片《ひょうざんぺん》と呼ばれる家くらいのものまであります

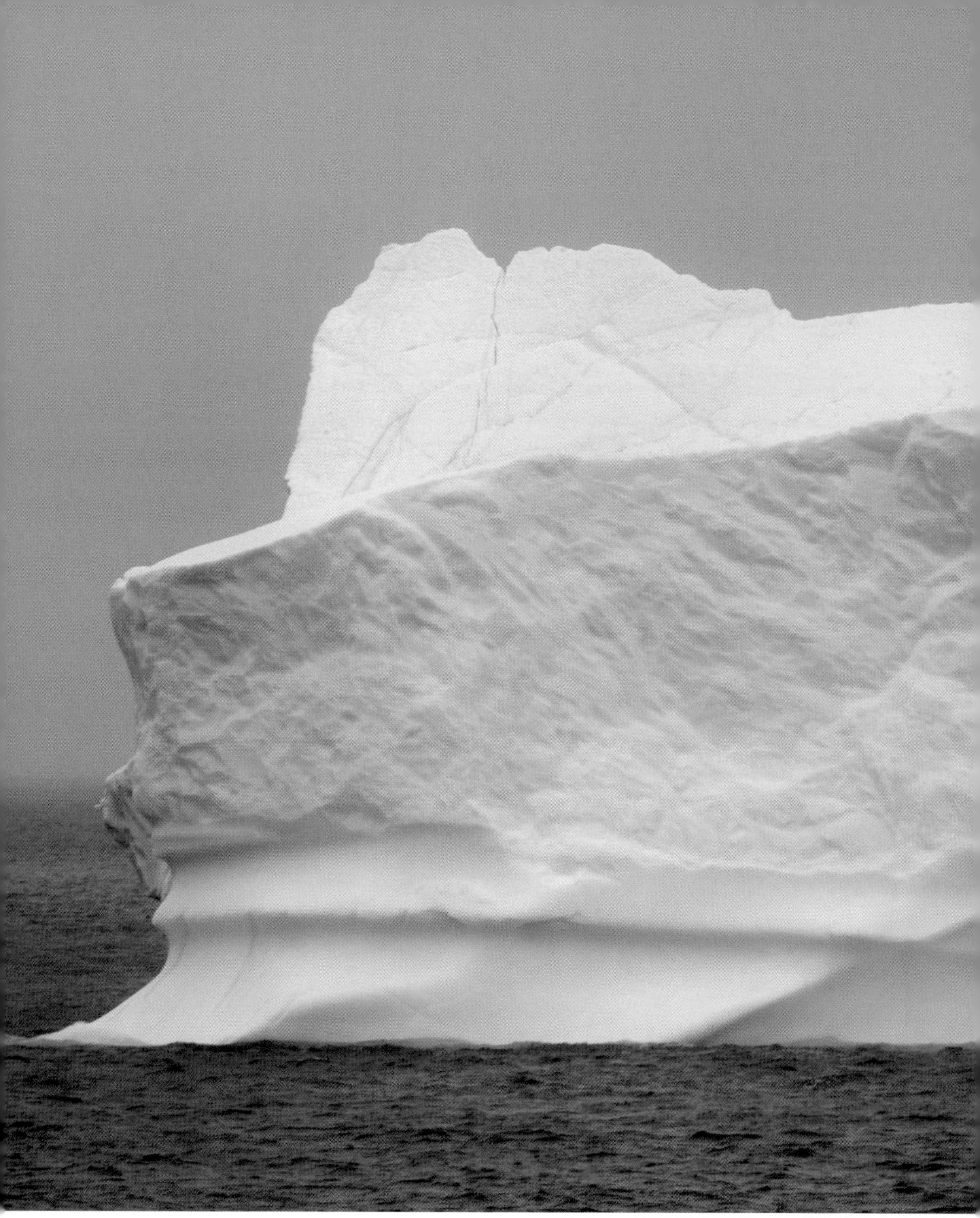

タイタニック号を沈めた氷山
カナダ、バフィン島

カタツムリのような形をした大きな氷山の上、ツノが出てきそうな頭の上に小さな3つの点が見えます。シロクマでしょうか。氷山の形は南極に多い卓上（テーブル）型から、ドーム、ピラミッド、尖塔《せんとう》、くさびなどさまざまです。北極海の氷山は急峻《きゅうしゅん》な氷河が崩落して生まれるためピラミッド型が多く、フィヨルドからただよい出て最後は大西洋に達して融けてなくなります。この氷山は大西洋でタイタニック号を沈めた氷山の形と少し似ていますね

母子グマが
氷山ですること

カナダ、バフィン島

18・19頁のカタツムリ型氷山の上にいたのは、やはりシロクマ。シロクマのオスは子育てをしないので、母グマと2頭の子グマです。氷山はシロクマにとって重要な生息場所ではなくて、たまに海から上がって休息する場所として役に立つ程度。しかし、子グマを連れていると長くは泳げないので、母グマにとっては大切な休息場所です

氷山の誕生と生涯

カナダ、スバールバル諸島、ヒンローペン海峡

スピッツベルゲン島とノールアウストランネ島（北東島）の間に浮かぶ、巨人のあばらのような氷山の上を１頭のシロクマが歩いています。氷山は風や波に浸食されて洞窟のようになっています。北極海の氷山の多くはグリーンランド、スバールバル諸島、エルズミーア島などの氷河が海に押し出されて生まれたもの。小さなものは別として、グリーンランドだけで毎年4万～5万もの氷山が誕生しています。生まれ故郷のフィヨルドから海流によって外洋へ運ばれ、何年も漂流しながらゆっくりと融けてゆくのです

シロクマが北極の中心にいないワケ

ノルウェー、スバールバル諸島

氷山のはしっこで海をうかがうシロクマは、若くて少しやせているでしょうか。北極は大陸のある南極とちがって海水が凍っているだけの海です。ホッキョクグマといっても、北極海の中心に住んでいるわけではありません。氷が厚すぎるとエサとなるアザラシが海から顔を出せないからです。実際は北極圏でも北米大陸やユーラシア大陸の北部で冬に薄い流氷におおわれる地域、ほとんどの生息地が、カナダ、ロシア、アラスカ、グリーンランド、そしてこの写真のスバールバル諸島をもつノルウェーにあります

氷河は滑らず、飴のように流れる

グリーンランド

バレリーナのようにスッと首の長いシロクマが氷山の上で何を思っているのでしょう。ここはグリーンランドのノースウエスタン・フィヨルドの沖合です。フィヨルドというのは、氷河が削ってできた深くて細長い入り江のこと。氷河は氷の塊《かたまり》が滑っているのではなく、塑性変形《そせいへんけい》といって氷が水飴《みずあめ》のようにゆっくりと変形して斜面を流れる川。フィヨルドにたどり着いた氷河の先っぽが崩壊して、海にただよい出る。その大きな氷を氷山と呼ぶのです

シロクマはアザラシがお好き

ノルウェー、スバールバル諸島、スピッツベルゲン島

1頭の大きなシロクマが、大好物のアザラシを求めてスピッツベルゲン島の沖合をさまよっています。シロクマは生涯のほとんどを氷でおおわれた海の上、流氷の世界で生きいくのです。そこはアザラシの生きる世界でもあります。シロクマのエサの90%は、脂《あぶら》たっぷりのアザラシ。シロクマはアザラシを食べて、その高エネルギーを自分の厚い皮下脂肪としてたくわえることで、極寒の世界を生き抜くことができるのです

Drifting Ice Bears

流 氷 の シ ロ ク マ

オシリで分かる シロクマの栄養状態

ノルウェー、スバールバル諸島

オシリの盛り上がった色つやのよいシロクマが、アザラシを探しています。人間はおなかに脂肪がたまりやすいのはご存じの通り。シロクマの脂肪はほとんどオシリに集まります。太っているからといって、首の太いシロクマはいません。だから首がスッと長いのです。栄養状態の良いシロクマは、腰から尾にかけて大きく盛り上がるようにカーブしていますが、栄養状態が悪いと直線的になります。シロクマは、見た目で栄養状態が分かりやすい動物なのです

シロクマが流氷に生きるワケ

カナダ、マニトバ州、チャーチル

1頭の子グマを連れた母グマが、フラクチャーと呼ばれる狭い流氷の裂け目をのぞいてアザラシを探しています。夏になると北極の氷が融けて狩りが難しくなります。アザラシは、このようなクラックや呼吸穴で息継ぎする必要がなくなり、シロクマが狙う氷から遠く離れた開放水面に浮上するからです。そのため氷の面積が50%以下になると、シロクマは陸地に上がって気温が下がるのを待つか、氷を求めて北へ向かいます。ロシアや北欧のバレンツ海では北の氷へ移動し、ハドソン湾では上陸します

すべての氷が融ける前に

カナダ、マニトバ州、チャーチル岬

北極圏にまたがり北米大陸の北東を大きくえぐり取るように広がるハドソン湾は、日本の国土の3倍もある巨大な湾です。11月頃から結氷し、暗く波打つ海は白い氷の世界へと一変します。その氷が割れ始めた頃、2頭の大きな子グマを連れた母グマが必死に先を急いでいます。ハドソン湾は夏になると、すべての氷が融けてエサとなるアザラシが捕れなくなるからです

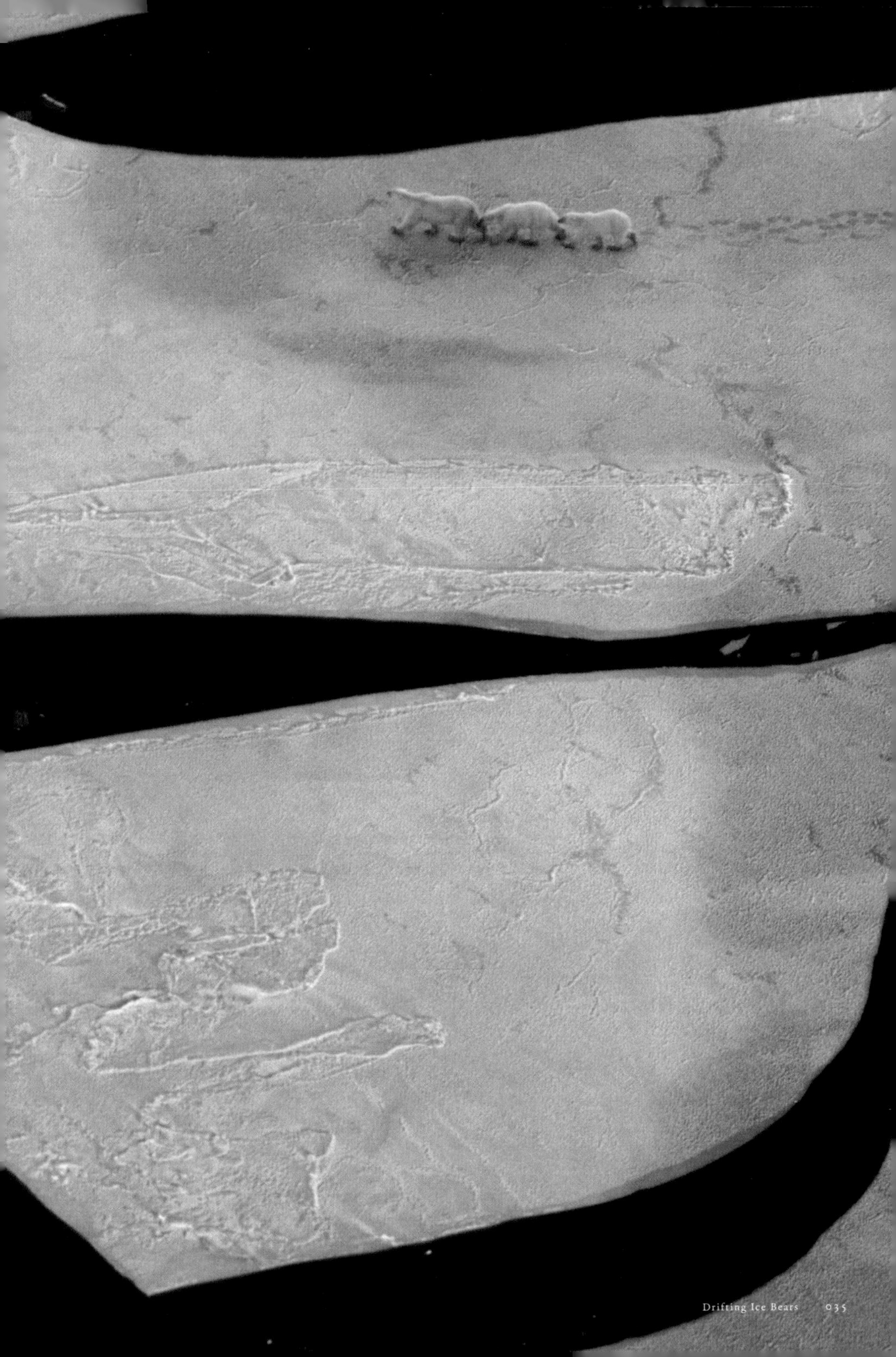

氷の裂け目を探せ

米国、アラスカ州

母グマに遅れまいと子グマが苦手な海の中からなんとか這い上がろうとしています。母グマは常に子グマを先導するのです。ロシアのシベリア北東部と米国のアラスカ北西部のあいだに広がるチュクチ海の氷の舞台で繰り広げられる母子グマの暮らしのヒトコマ。広大な流氷も海をすき間なくおおうことはほとんどありません。数十cmから数kmに達する裂け目から、氷湖《ひょうこ》と呼ばれる湖まであります。そんな裂け目の水路がシロクマの重要な狩り場となっているのです

耳をすませば聞こえてくる流氷のメロディ

ノルウェー、スバールバル諸島

大人のオスでしょうか。大きなシロクマがアザラシを求めて折り重なった流氷の上を悠然《ゆうぜん》と歩いています。無音の沈黙の世界ではありません。耳をすますと少し甲高い音が聞こえてきます。巨大な氷盤《ひょうばん》がきしむときに出る音です。ときおり竹の横笛のようなヒューっという音とともに、氷塊《ひょうかい》がぶつかり合い、底深い打楽器のような鈍い響きも聞こえてきます。海氷が流れると、凍っていた音たちも流れ始めるのです

欲しいのは厚くて薄い氷

ノルウェー、スバールバル諸島、ノールアウストランネ島

スバールバル諸島で2番目に大きな島、ノールアウストランネ島(北東島)の沖合です。水面に無数に浮く蓮《はす》の葉のような氷盤《ひょうばん》にたたずむシロクマ。流氷は陸地に付着せず、風や海流に運ばれて漂っている氷です。グリースや泥のような氷が成長して角張った氷盤になると、氷盤どうしがぶつかって角が取れ、やがてその名も蓮《はす》葉《は》氷《ごおり》と呼ばれる30cmから3mのフチがめくれた円盤状の氷になります。厚さは10cmから数十cm。蓮葉氷が海をおおうと、小さな波も抑えられ、海は穏やかに。やがて蓮葉氷のすき間も凍って、青く暗い海は、白い原野にさま変わりします。シロクマが生き延びるには、シロクマの体重を支えるのに十分な厚さがあり、アザラシが生活するために十分な薄さの氷が必要なのです

北極と南極の
氷の厚さのちがい

春も終わりに近づき、まばらになった流氷の上で休むシロクマの母子。好奇心の強い1頭の子グマが二本足で立って、撮影している人間を見ています。気になるものを立ち上がって見ようとするのは、シロクマの習性のひとつです。北極は陸地のある南極とちがって、海に浮かんでいる巨大な氷の塊で、その厚さも3,000mに達する南極とちがって、北極海の中央部で3〜4m、最大10mほどしかありません。そのため、季節や気候、海流によって生き物のように恐ろしい速さで変化します。数時間で凍りついて広大な氷の平原になったり、風であっという間に流氷群が消えたり。北極圏の氷の面積も、夏には半分以下になってしまうのです

シロクマの脂肪はどこへゆく

ノルウェー、スバールバル諸島

夏が近づき、海氷が遠い北の海へと消え、わずかに残った氷盤《ひょうばん》で休むシロクマ。オシリにみっしりと脂肪がつき、盛り上がっています。厳しい夏へ向けて準備はばんたんでしょうか。スバールバル諸島のシロクマは、再び海が凍結する秋になるまで陸に上がって暮らさなくてはなりません。陸地では絶食に近い状態が数カ月続きます。その間、代謝をおさえ、冬の間に蓄えた脂肪を少しずつ消費しながら過ごすのです

どこまで泳ぐ母子グマ

ノルウェー、スバールバル諸島

小さな氷塊にしがみつく母グマと子グマ。ここはスバールバル諸島の沖合19kmの海の上です。地球温暖化により北極圏の氷が融け始めるのが早くなって、スバールバル諸島でも海氷が後退して岸に届かなくなってきています。そのため母子グマの長距離の海中移動が増えているのです。これまでの最長記録は連続9日間、687kmで、これは東京—函館間の直線距離に匹敵します。ただ、母グマが長距離海中移動をするほど、子グマの死ぬ確率が高くなっているのです。長距離移動の開始前に子グマを連れていた母グマ11頭のうち、5頭が子グマを失ったという研究結果があります

これがホントの薄氷を踏む思い

ノルウェー、スバールバル諸島

落ち込んでいるわけでも、体調を崩してうずくまっているわけでもありません。シロクマの右側をよく見てください。海水がにじみ出しています。４本の足をめいっぱい広げて、体重を分散させているのです。たわんで今にも割れそうな薄い氷の上に、なんとか留まろうとしています。シロクマは泳ぎ上手ですが、海に落ちると薄い氷の上に戻るのが難しいこともあるのです。最後は腹ばいになって前足を使って氷の上を滑り、どんどん割れていく薄い氷から逃げていくそうです

Colored

色鮮やかな北極

光輪をまとって輝くシロクマ

米国、アラスカ州、カクトビック村

夕暮れで光輪に包まれるシロクマ。シロクマは朝焼けや夕焼けの反射光で、真っ白な毛にオレンジ色の光の輪をまとって輝くことがあります。カクトビック村はビューフォート海南部、カナダとの国境に近いアラスカ北部のバーター島に位置し、北極圏国立野生動物保護区にある唯一の村です。村の周囲1,287kmにわたる海岸線には約1,500頭のシロクマが生息していて、その8%が村にやってきます。人とシロクマが一定の距離で共存する自然の姿を観察することができ、アラスカ観光の人気のコースにもなっているとか

大人は脂肪しか食べません

ノルウェー、スバールバル諸島、ノールアウストランネ島

シロクマはアザラシを求めて頻繁に移動し、流氷の縁や呼吸穴のそばで、待ち構えます。アザラシを狙えるのは海に氷が張っている間だけ。狩りは主に、アザラシが息継ぎのため、氷のすき間から顔を出すタイミングが狙い目だからです。ノールアウストランネ島（北東島）の9月の夕暮れ、やっとアザラシを捕らえることができました。育ち盛りの若いシロクマはタンパク質が必要なので、エサの大半を食べてしまいますが、大人のシロクマは飢えていない限り脂肪しか食べません。この島は自然保護区に指定されている無人島で、一般の立ち入りは禁じられています

氷の国にけむる霧の中

カナダ、マニトバ州、ハドソン湾

朝焼けのなか、光り輝くはるかな国からやってきたかのように朝靄《あさもや》けむる川辺を歩き、一人ひそやかにたたずむシロクマ。カナダ東部、ハドソン湾に注ぐシールリバーの河口は、白々と凍りついたかのようです。陸地で冷やされた気流がゆっくり水面に流れると、帯状の濃い霧となり、日本の浜で「けあらし」と呼ぶ氷煙《ひょうえん》が現れます。その水滴が凍り、小さな氷の結晶が浮かんだものが氷霧《ひょうむ》です

北極は夜も白い

カナダ、ヌナブト準州、ホワイトアイランド

淡紅《とき》色に染まった真夜中の落日をさまようシロクマです。カナダ北東部のホワイトアイランドは北極圏にあり、夏が近づくと深夜になっても太陽が沈むことがなく、昼と夜の境界が消え去り白《びゃく》夜《や》が訪れます。シロクマは昼間の活動が鈍く、夜明けや夕暮れになると活発になる傾向があります。ただし、アザラシを捕りやすい時期では、一日中狩りをするシロクマもいます

白夜をさまよう母と子

白夜の流氷群をわたる母子グマ。蓮《はす》葉《は》氷《ごおり》や板状軟氷《ばんじょうなんぴょう》が成長を続けると、厚さ30cm〜2mの一年《いちねん》氷《ごおり》になります。これがシロクマにとって絶好の生息環境です。一年氷は夏の間に融けてしまいますが、寒気が厳しい北極海の中央部に近くなると、夏を越しても融けない氷《ごおり》となり、厚さも数m以上。厚い多年氷はアザラシが呼吸孔を掘れないので、シロクマの狩り場にはなりません。ただし、多年氷は陸地に上がらない北のシロクマたち数千頭が夏を過ごす場所となっています

シロクマの首都

カナダ、マニトバ州、チャーチル

カナダ東部のハドソン湾に面したチャーチルの海辺を歩くシロクマ。陽射しは低く、黄金色に縁取られたシルエットが美しい。チャーチルはシロクマとの共存を目指し、「シロクマの首都」を宣言するシロクマのメッカ。一般の人でも間近で野生のシロクマを安全に観察できることから、シロクマが集まる10・11月には、宿泊施設の少ない部屋を取るため予約が殺到します

クジラはイヌピアットの贈り物

米国、アラスカ州、カクトビック村

アラスカ北部のカクトビック村は野生生物保護区にありますが、先住民族のイヌピアット（エスキモー）は自給自足のために年間3頭の捕鯨が許されています。イヌピアットは必要な肉を取った後の骨まわりなど、捕獲したクジラの一部を浜辺に置いて、夏場になってアザラシが捕れなくなったシロクマに提供しているのです。体長10mを超えるコクジラの死骸のまわりには、シロクマとともに翼長160cmもある大きなシロカモメが群れをなしてご相伴にあずかっています

On The Earth

海と大地のシロクマ

世界の果てにある野生動物の宝庫

ノルウェー、スバールバル諸島、スピッツベルゲン島

スピッツベルゲン島に夏が来ました。島の北側、リムフィヨルドの西側にある小さな湾を囲む黒い砂地。1頭のやせたシロクマが歩いています。エサ場の海氷《かいひょう》が遠く去り、陸地で飢えと闘っているのです。この島はノルウェー本土のスカンジナビア半島から1千kmも離れた北極圏にあります。そびえ立つ氷河やフィヨルドの断崖絶壁、氷河に削られた谷や切り立った険しい山々。世界で最も北にある野生動物の宝庫といわれ、シロクマもこの島を含むスバールバル諸島で2千頭ほどが生息し、バレンツ海周辺にいる約3千頭のうちほぼ半数は、ここで子育てをしています。そして、人間が定住する最北の地でもあります

北極のガラパゴス

ロシア、ウランゲリ島

シベリア北東部から150kmの沖合にあるウランゲリ島は、北極海に浮かぶ鹿児島県ほどの大きさの島。海氷が北へ遠ざかる夏になると、多くのシロクマが上陸して、海面が凍結するのを心待ちにしています。海辺の真っ黒な断崖の上で、ざわめく海の白い波頭を見つめるシロクマも、そんな1頭です。1年のうち9カ月は、白、黒、灰色の3色しかない極寒の地ですが、驚くほど多様な生物が生息することから世界遺産（自然遺産）に登録され、「北極のガラパゴス」とも呼ばれます。紀元前1,700年に史上最後のマンモスが狩猟され、この島で絶滅したとの説も。シロクマの姿は12万年前からほとんど変わっていないので、マンモスと一緒に闊歩《かっぽ》していたことでしょう。もっとも、最後のマンモスは体高1mほどのコビトマンモスといわれているので、シロクマの半分もありません

お花畑で夢みるシロクマ

カナダ、マニトバ州、チャーチル

カナダの東側にある巨大なハドソン湾の平均気温はマイナス5℃。そのため湾の沿岸部には、数少ない種類の植物が短い夏の間だけしか生えません。1年の半分以上が雪と氷におおわれるツンドラ地帯です。硬く凍てついた大地も、6月になると、夏の気配を感じて雪はあっさりと白い領域を減らしてゆき、一足飛びに夏の装いに。色とりどりの花が一斉に咲き乱れ、華やかなツンドラの夏が始まります。ハドソン湾の西部、チャーチルの近くでは、ヒメヤナギラン（ファイヤーウィード）の赤紫の花々が原野を夏に変え、シロクマの午睡を彩ります

Flower

花よりシロクマ

2週間だけの赤紫色の饗宴

カナダ、マニトバ州、チャーチル

カナダ東部、ハドソン湾に面するチャーチルの町の近く、フバート岬の沖に浮かぶ名もない小島です。赤紫のお花畑に、なぜかシロクマたちは集まってくつろいでいます。8月のほんの2週間だけ、ヒメヤナギラン（ファイヤーウィード）の美しい花が咲き乱れるのです。岸辺のお花畑のなかを若いシロクマが元気に闊歩しています

シロクマはなぜチャーチルを目指すのか

カナダ、マニトバ州、チャーチル

ヒメヤナギラン（ファイヤーウィード）の赤いベッドでひとり戯れる若いオスのシロクマ。秋になると、この小島の近く、ハドソン湾西部のチャーチル川の河口には、千頭近くのシロクマが集まります。淡水が流れ込む影響で、他の地域よりも早く凍結し、早くから狩りができるからです。毎年10・11月になると、数百頭のシロクマがチャーチルの町の近郊に集まり、世界中から多くの観光客が訪れます

シロクマの生活サイクル

カナダ、マニトバ州、チャーチル

カナダの小さな町、チャーチルに近い小島には、ヒメヤナギラン（ファイヤーウィード）の開花を待っていたかのようにシロクマたちが集まってきます。「ホッキョクグマの首都」を宣言するチャーチルは、ハドソン湾の西岸に位置する静かな港町。シロクマと人間が共存することで知られています。シロクマたちは、ハドソン湾の氷が融けると陸に上がり、海《かい》氷《ひょう》がもどる季節になるとチャーチルに集まり、アザラシを求めて再び沖を目指すのです

シロクマの白い色はなんの色？

カナダ、マニトバ州、フバート岬

澄んだ黄色い野の花が乱れ咲く草原を1頭のメスのシロクマが散策しています。カナダのチャーチルに近いフバート岬の夏の朝です。シロクマの真っ白な毛は、雪や氷ばかりの周囲に溶け込むためのカムフラージュとなっていますが、緑の草や茶色い地面、色とりどりの花々をバックにすると、よく目立ちます。逆に個体の識別や個体数を数えやすいこともあり、ハドソン湾の群れほど研究されているシロクマはいないそうです

Mother

シロクマの子育て

雪山デビューは生後3カ月

カナダ、マニトバ州、ワプスク国立公園

2月、シロクマのお母さんが見守る中、雪の巣穴から2頭の子グマが顔をのぞかせています。チャーチルの近く、ワプスク国立公園の山の中です。初めての雪山デビューでしょうか。これから2年以上にわたって母グマと子グマの楽しくも厳しい生活が始まります。でも、今は遊びたくてしようがありません。生まれてから3カ月も雪の巣穴の中で我慢していたのです

母グマの妊活は 3年に一度

米国、アラスカ州

雪の巣穴の外で遊ぶ母子グマ。シロクマは3〜6月頃に交尾をして、母グマは9〜10月頃ひとりで雪の中を始め、氷や凍土に穴を掘って巣穴をつくり、11月〜翌1月頃に出産します。一度の出産で子供は2頭が標準で、多くて4頭、栄養状態が悪いと1頭です。母グマは出産後2年半にわたって子育てに専念するので、この間に妊娠することはありません。そのため次に妊娠するまで3年ほど空くことになります

インディアンもシロクマと呼ぶ?!

カナダ、マニトバ州、ワプスク国立公園

巣穴での成長は子グマにとって大変重要な時期です。巣穴をおびやかして母子グマが逃げ出すと、子グマの死につながります。「シロクマの首都」チャーチルの近郊では、メスが巣ごもりする海岸や内陸部を守るため、ワプスク国立公園として指定されています。ワプスクとは、地元クリーインディアンの方言でシロクマ（ホワイトベア）のこと。だから母子グマは、巣穴のまわりで安心して遊ぶことができるのです

ブリザードのミルクはなんの味？

カナダ、マニトバ州、チャーチル岬

猛吹雪の中、シロクマの母親が２頭の子グマに授乳しています。シロクマの典型的な授乳姿勢はもう少し後ろにもたれかかるようになるのですが、猛吹雪から子供たちを守るため、少し前傾姿勢になっているでしょうか。シロクマの乳房は４つあって、生まれてくる子供の２倍という哺乳類では一般的な数。脂肪たっぷりのミルクで子グマたちはすくすく育ちます

シロクマは
冬眠しないクマ

カナダ、マニトバ州、チャーチル

巣穴の外、木々の合間に座りやすい浅い穴を掘って休むシロクマの母子。シロクマは冬眠しないクマで、妊娠したメスのみトーパーと呼ばれる休眠状態で巣ごもりします。巣穴では雪から得る水分以外は一切食べ物を口にせず、尿も糞も排泄せずに、真っ暗な雪穴で静かに身を潜めています。子供が生まれても、絶食したまま3カ月ほど雪穴で母乳を与えるので、母グマは子育てによって最大8カ月間も絶食し、体重の約3分の1を失ってしまうのです

母グマのハンティング・スクール

ノルウェー、スバールバル諸島、フリーマン海峡

バレンツ島とエドゲ島のあいだにあるフリーマン海峡を流氷が漂っています。その上を歩く母グマに遅れまいと、氷の丘を懸命に上り下りする３頭の子グマたち。巣穴のまわりで遊んでいる頃より、ひとまわり大きくなっています。子グマたちは２年半を母グマと過ごし、脂肪たっぷりのミルクを飲みながら、アザラシに忍び寄る方法など極寒の地で生き残るワザを学ぶのです

White Cubs

子シロクマの日々

シロクマの巣穴は清潔です

カナダ、ハドソン湾沿岸

巣穴で眠る子グマは生後3カ月ほどですから、もう外で遊ぶお年頃。巣穴から出たり入ったりの生活でしょうか。巣穴は幅1〜2m、高さ1m前後で母グマが少し動けて、子グマの体温を維持できるほどの大きさです。1部屋から複数の部屋をもつものもいます。写真の壁に見えるスジは、母グマがリフォームした爪痕《つめあと》です。天井はたいてい母グマが氷をかき落とすので空いています。新鮮な空気を取り込むためです。子グマの排泄物を母グマが食べているのでしょう。シロクマの巣穴は清潔です

赤ちゃんは父グマの千分の一!

カナダ、マニトバ州、ワプスク国立公園

偶然ですが、まるで巣穴から出てきた子グマが手を振っているように見えます。チャーチル近郊、ワプスク国立公園の山の中です。生まれたばかりのシロクマの赤ちゃんは、ほとんど毛も生えておらず、体重もわずか700gほどしかありません。父グマが最大800kgなので千分の一以下。生まれてから3カ月ほどを巣穴の中で過ごし、ブリザードが吹きすさぶ外の厳しい環境に耐えられる大きさになって初めて、母親の後について巣の外に出てきます。体重は10kgほど、ちょうど写真の子グマくらいです

生まれたての子グマの様子

カナダ、マニトバ州

巣穴のまわりの小木につかまって得意げに立ち上がる子グマ。出産後のシロクマのメスは300kgほどですが、生まれた赤ちゃんはわずかその0.2〜0.3%しかありません。生まれたての子グマは目も開いておらず、体毛の長さも5㎜ほどです。皮下脂肪もほとんどないので体温を保つだけでも母グマの世話は必須です。それが巣穴を出る頃になると、体重は15倍にもなります

子グマはニチニチ
コレコウジツなり

カナダ、ハドソン湾西部

スプルース（クロトウヒ）の木の上に登ってご満悦の子グマは日々是好日。巣穴から出たばかりの子グマは母グマからあまり離れませんが、子グマは好奇心が旺盛なので、毎日少しずつ母グマとの距離を広げていくのです。授乳後にひと眠りすると、遊び回ります。でも、それも今のうち。そろそろ海の氷の世界へ向けて旅立つ時期です。猛烈な地吹雪の中での移動や過酷な狩りの修行が始まろうとしています

母グマより大きくなっても乳を飲みます

ノルウェー、スバールバル諸島

スバールバル諸島の浜辺で、シロクマの子供が氷をくわえて遊んでいます。子グマが巣穴を出るときの体重は10kgほど。大きい子で12kgくらいですが、小さい子は3kg台、最も大きな子は20kg以上もあるそうです。子グマは2週間ほど巣穴のまわりで過ごし、数週間かけて体をつくりながら海に向かいます。半年で40kgほどになり、オスは成長が早く2歳で母グマと同じ大きさになります。でも、大きくなっても子グマは2歳半くらいまで母グマの乳を飲んでいるのです

野生のシロクマのご長寿記録は32歳

カナダ、ハドソン湾西部

ハドソン湾西部の雪山で2頭のシロクマの子供がじゃれ合っています。巣穴から出た子グマは純白で、陽光を受けて輝く姿は、まさに雪の妖精のようです。巣穴を出て2週間は子グマどうしで押し合ったり、鬼ごっこをしたり。母グマをたたいたり、かみついたりとやんちゃです。生後3・4カ月はオスもメスも同じくらいの大きさで、頭だけオスが大きいくらい。1歳になるとオスの方がかなり大きくなります。大人のオスはメスの2倍もありますが、メスは4・5歳で成長が止まるのに対して、オスは8〜10歳くらいまで成長し続け、15歳くらいが全盛。25歳以上生きるシロクマはマレで、最高齢は32歳です

Mountain

シロクマ山をゆく

シロクマはどこまで太る？

ノルウェー、スバールバル諸島、スピッツベルゲン島

スバールバル諸島で最大のスピッツベルゲン島に夏が来ました。陸地でエサを探すうちに海岸近くの切り立つ岩山に入り込んだようです。傷もないのでまだ若いシロクマでしょうか。体の割に頭が小さいのが若いシロクマの特徴です。栄養状態がよいと、オスもメスも15歳くらいまで体重は増え続けます

白夜の山登り

ノルウェー、スバールバル諸島、スピッツベルゲン島

白夜の夏、フィヨルドの崖を登る若いシロクマ。少しやせているようです。新しいエサ場を求めて移動しているのでしょう。シロクマが山を登ったり、歩いたりすることは知られており、高さ800mの雪山で足跡が発見された記録があります。スピッツベルゲン島では、夏は夜になっても太陽が沈まず、真夜中でも電灯を使わずに外で生物の調査ができるのです

天敵なしのシロクマの天敵

ロシア、ウランゲリ島

シロクマの母親が2頭の子グマを連れてエサを探しています。オスを避けるためでしょう。雪山を登ろうとしています。シベリアの北側、北極海に浮かぶ孤島ウランゲリ島は、シロクマの世界最大の繁殖地ともいわれ、「ホッキョクグマの産院」とか「シロクマの分娩室」と呼ばれることもあるくらいです。冬には400頭もの母グマが子育てのために越冬することがあります。シロクマに天敵はいませんが、母子グマにとっての天敵はオスのシロクマ。オスは子育てを手伝うどころか、子グマを殺してしまうのです

子グマが狩りをできる頃

ノルウェー、スバールバル諸島、スピッツベルゲン島

102頁の岩山の近く、山の上で休むシロクマの母親と子グマ。母子といっても、ほとんど大きさは変わりません。オスは2歳くらいで、ほぼ母グマと同じ大きさになります。子グマは2歳以上になると、狩りができるようになりますが、エサを独占することなく家族で分け合うのです

断崖のシロクマが狙うもの

ロシア、ノバヤゼムリャ列島

高さ200m、足場の悪い断崖で1頭のシロクマが何かを狙っています。ハシブトウミガラスの卵です。鳥たちもまさかこの崖で襲われるとは思ってもいなかったでしょう。若いオスならではの無謀な行動です。ロシアの北方、シロクマの生息するバレンツ海とカラ海にはさまれたノバヤゼムリャ列島の崖の営巣地で繰り広げられた夏のヒトコマです。この太った鳥は海から飛び立つことができないので、海に落ちると通りかかったシロクマに食べられてしまいます

Summer

夏のシロクマ

夏の歩く冬眠

カナダ、マニトバ州、チャーチル

「ツンドラの紅葉」と呼ばれる赤い絨毯のあいだを歩くシロクマ。ハドソン湾の西岸、チャーチルの夏です。経験豊かなオスは、夏の間ずっと断食して代謝を低下させます。ウォーキング・ハイバネーションといって、特殊な状態を維持。冬に蓄えた脂肪を少しずつ消化しながら分解して、起きている間も半分寝た「歩く冬眠」状態にします。絶食という苦しい時期を乗り越えるために生み出した、シロクマだけに見られる生態です

クジラの宴と走るシロクマ

米国、アラスカ州、カクトビック村

若いシロクマが大きなシロカモメに囲まれながら必死で逃げています。アラスカ北東部、人口300人ほどの先住民の村、カクトビック。毎年9月上旬に伝統的な沿岸捕鯨が行われ、解体されて残った骨まわりの肉を食べにシロクマがやってくるのです。ただし、年々、その数は格段に増えているとか。温暖化の影響で海氷が減り、エサを捕りにくくなっているからです。クジラの宴も競争が激しくなっています。おなかと背中のあいだあたりを傷つけられた若いシロクマは、クジラの肉から追い払われたのです

クジラの宴と虹のシロクマ

米国、アラスカ州、カクトビック村

夏の豪雨の後、おだやかな海面から虹のアーチがすっくと空に立ち上がりました。豊かな潮の香りが流れる水辺で、3頭のシロクマが遊んでいます。夏の飢えに苦しむシロクマにクジラの肉をふるまうことで有名なカクトビック村の海岸です。賢いシロクマたちは、クジラの肉がいただける日をちゃんと心得ていて、9月初旬になると集まってきます。そして前年のクジラの骨をかじりながら、新鮮な肉を待つのです

シロクマの、女はつらいよ

カナダ、ハドソン湾

ハドソン湾の海岸に広がるツンドラの草原でエサを探すメスのシロクマです。エサの捕れない夏に飢えをしのぐには、夏の間はずっと断食して、体の代謝を低下させるのが効果的。栄養価の低い食べ物を食べるのは逆効果です。しかし、子育て中のメスは、大人のオスのように半分眠った「歩く冬眠」状態になるわけにもいきません。子供たちのために、なんとか獲物を探す必要があるのです

長い夏に消えゆくシロクマ

カナダ、マニトバ州、チャーチル

チャーチルを流れる川の浅瀬を2頭のシロクマが渡っています。チャーチルの町がのぞむハドソン湾は、シロクマが生息する南限ですが、温暖化の影響により過去30年間で氷のない日が1年に約1日ずつ延びています。2012年には年間143日に達し、これが160日になると、シロクマは生き残れないという予測も。ハドソン湾西部には、30年ほど前に約1,200頭いたシロクマは、今では約900頭にまで減っているのです

Swimming

泳ぐシロクマ

シロクマは水泳の達人

ノルウェー、スバールバル諸島、スピッツベルゲン島

夏の夕暮れ、スピッツベルゲン島の沖合を泳ぐシロクマです。シロクマは泳ぎがとてもうまく、前足で水をかいて進みます。後ろ足はだらりと後ろに垂らすだけで、水中に潜ったりするときや、方向転換のときの舵《かじ》として利用する程度です。水の中ではアザラシのほうがすばやく動けるので、水中で狩りをすることはあまりありません。どれくらいの距離を泳げるかは個体差が大きく、夏に氷が融けるとメスでも陸地まで数百kmも泳ぐことがあります。泳ぐ速さは時速5kmとも、時速10kmとも、いわれていますが、これも個体差が大きいようです。長時間泳いだ後に、何日も動かずに陸上でじっとしているシロクマがしばしば観察されています

子グマは長く泳げません

北極

シロクマの母親が2頭のまだ小さな子グマと寄り添うように泳いでいます。幼い子グマを連れていると、せいぜい1kmほどしか泳げません。長時間泳ぐと脂肪の少ない子グマは死んでしまいます。子グマが1頭であれば、背中の上に乗せて泳ぐこともあるようです。振り落とされることはありません。子グマのツメは短く鋭いので、母グマの毛にマジックテープのようにくっつくのです

シロクマの潜水時間はどれくらい？

北極

シロクマは海中で目を開け、鼻孔を閉じています。最大潜水時間は2分間ほどといわれているくらいなので、あまり長くは潜れません。凍りつくような海に潜れるのも、保温効果のある厚い毛で守られ、その下に20cmもある分厚い脂肪が保温層になっているからです。水から上がると犬と同じように体をふるわせて水分をはじきます。雪の中を転がったりもします。これによって水分を取り除き、毛の中に空気を閉じ込めて、泳ぐときに体をなるべく冷やさないようにしているのです

勇気ある子グマと残された子グマ

ノルウェー、スバールバル諸島、フリーマン海峡

流氷のあいだを泳いで渡ろうとしている３頭の子グマですが、最後の１頭が飛び込むことを尻込みしています。先頭の子グマの前には母グマがいて、すでに渡り終え、先を進んでいます。早く飛ばなくてはいけません。スバールバル諸島のバレンツ島とエドゲ島のあいだにあるフリーマン海峡。88頁の次の場面です。子グマの毛は渇いているときは断熱性が高いのですが、濡れると著しく低下してしまいます。小さな子グマでは10分ほどしか氷の海に耐えられず、長く泳ぐと低体温症で死ぬこともあるのです

Running

走るシロクマ

走るシロクマ、叫ぶ人間

シロクマは大きな体、長い4本足でゆったりと、花魁《おいらん》道中のような内股《うちまた》でしゃなりしゃなりと歩いていますが、いざとなると驚くほど敏捷《びんしょう》です。平坦な雪の上であれば、時速30km以上は出ますし、氷の丘をあっという間に駆け登ったり、山の急斜面をものすごい勢いで駆け下りたりします。もっとも、あまりに太っているとスピードはでないし、走れる距離も短いようです。
2013年、北極圏のバレンツ海にあるノルウェーのスバールバル諸島知事室が、夏の3週間だけのアルバイトを募集して話題になりました。仕事は、調査に没頭している研究者に大声で警告すること。遠くにいるシロクマをじっと見つめて「クマが来たぞー!」と叫ぶ。そうなのです。シロクマは遠くに見えていても、走り出すと、あっという間に目の前までやってくるのです

飛ぶように走る子グマ

米国、アラスカ州、
北極圏国立野生生物保護区

ボーフォート海に面するアラスカの北極圏国立野生生物保護区は、カナダとの国境に接して設けられています。夏の終わりを告げるように、海岸線に沿ったエリア1002の沖合に海氷がやってきました。春に生まれた2頭のシロクマの子供は大はしゃぎです。じゃれ合って1頭が駆け出しました。弾けるように、飛ぶように走って行きます

Jump

シロクマ空を飛ぶ

果たして届くのか、落ちるのか

**ノルウェー、スバールバル諸島、
北東スバールバル自然保護区**

大きく飛躍《ひやく》するには、まず低くかがまなくてはなりません。流氷の縁《へり》に、言葉は悪いですが、ウンコ座りして、思いっきりジャンプ！　流氷の狭間《はざま》をひとっ飛び。実はシロクマのジャンプの瞬間をとらえた3枚の組写真の２枚目。３枚目がオチで、見事な着氷、とはならず、残念ながら、おしいことに、前足は着いたものの、オシリは海中にドボンでした

ダイブする子グマたち

ノルウェー、スバールバル諸島

スバールバル諸島の岸辺で、シロクマの子供が果敢に勢いよく海に向かってダイブしています。この入水角度では、ものの見事な腹打ちになることでしょう。もう1頭の子グマは、おずおずと恐れ気に、その様子を覗いています。子グマだけで行動することは、まずないので、母グマが先にダイブしたのでしょう。シロクマは2歳以上にならないと、狩りがうまくできないので、写真のような子グマだけですと、あっという間に餓死してしまいます。それにしても、オスは2歳になると母グマより大きくなってしまって、それでもオッパイをもらっているのですから、その光景は奇妙ともいえますし、家族愛の強い生きものともいえます

子グマはスーパーマン？

ノルウェー、スバールバル諸島

母グマや兄弟たちに遅れたシロクマの子供が、遅れを取り戻そうと流氷のあいだを思いっきりジャンプしています。大人のジャンプも豪快ですが、飛行姿勢はやはり子グマのほうに軍配でしょうか。スーパーマンのように前足を２本きれいにそろえ、後ろ足も伸びきっております。大人よりも身軽な分だけ、軽々と飛んでいきます。スバールバル諸島の7月1日。そろそろ海氷が融け出し、徐々にまばらになって氷のあいだに水面が増えてきました

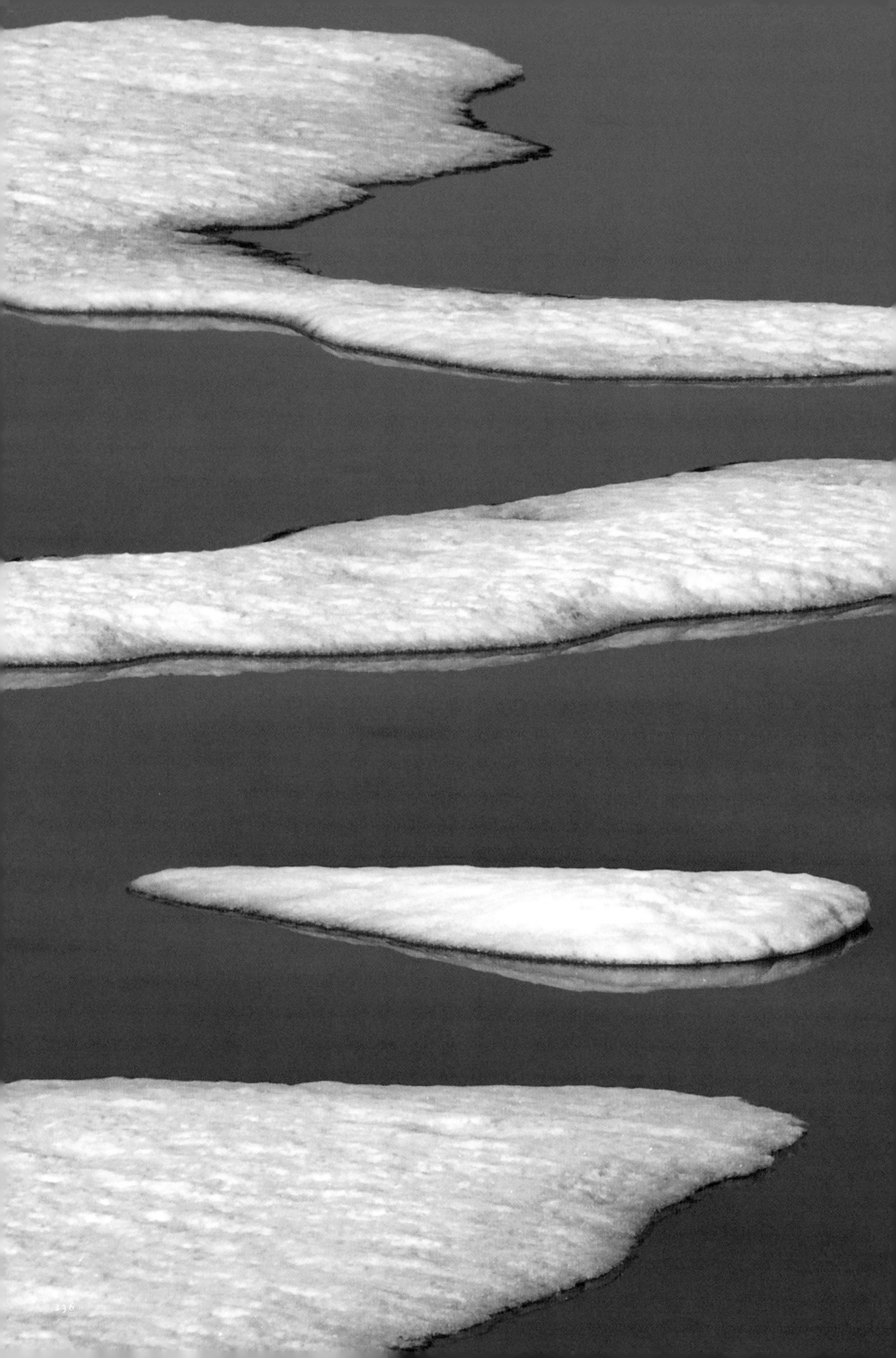

着氷か、着水か、それが問題だ

ノルウェー、スバールバル諸島、スピッツベルゲン島

かすかな波ひとつない海が一枚鏡のように青空を映し、1頭のシロクマが光をまとって飛んでいきます。海の鏡にシロクマが踊り、まるで2頭が同時に飛んだかのよう。シロクマからほとばしる水滴だけが水面《みなも》をゆらしています。スピッツベルゲン島の7月15日。2週間前は氷のあいだに水たまりがある程度だったのに、もう氷より海面のほうが圧倒的に広くなっています。ジャンプする5枚の組み写真の一部。着氷のカットはありませんが、かがみ込みがちょっと浅いので、勢い足らずの印象をいなめません。残念ながら着水でしょうか？

ジャンプ下手なシロクマの飛び方

カナダ、マニトバ州、チャーチル岬

ハドソン湾に面するカナダ東部、チャーチル岬の沖合に新しい流氷がやってきました。まだ、氷はじゅくじゅくと固まっていないので、慎重に歩きます。踏み抜かないようにして、ここは軽くジャンプ！と、思ったものの、残念ながら、この後シロクマは、腹ばいになってコケてしまいました。もっと、思いっきり勢いをつけて飛ぶべきでした

若グマの若気の至りジャンプ

ノルウェー、スバールバル諸島、エドゲ島

エドゲ島はスバールバル諸島の南東に位置する無人島です。諸島でいちばん大きなスピッツベルゲン島とちがって、とがった山も、入り組んだフィヨルドもない緩やかな地形をしています。島の東海岸の沖、バレンツ海に浮かぶ流氷と流氷のあいだを、若いシロクマが飛ぼうとしていますが、ちょっと前屈み。お手つきの着水になりそうです

勇気を出した残された子グマ

ノルウェー、スバールバル諸島、フリーマン海峡

先を行く母グマを追う3頭の子グマたち。2頭は海に飛び込みました。1頭はもう流氷にたどり着きそうです。最後の1頭も急がなくては、と意を決して飛び込みます。滞空時間の長い見事なジャンプです。126頁に続く場面のワンカット。怖がっていたのに思いっ切りよくできました。バレンツ島とエドゲ島のあいだにあるフリーマン海峡で繰り広げられたシロクマ家族のワンシーンです

Hips

シロケツ

子グマは皮下脂肪のないオシリです

カナダ、マニトバ州、ワプスク国立公園

半年の巣ごもりを終え、子グマたちを遊んであげている母グマです。子グマを見つめる目がなんとも優しげ。カナダ東部のチャーチルの町の近く、ハドソン湾をのぞむワプスク国立公園の雪山です。子グマの毛は真っ白ですが、母グマは少しクリーム色がかっています。巣穴から出たばかりの子グマの毛もクリームがかっているのですが、柔らかい毛は日光で脱色されて真っ白に。皮下脂肪もまだあまりないので、オシリもぺったんこです

親グマは皮下脂肪たっぷりのオシリです

ボーフォート海

アラスカとカナダの北に広がるボーフォート海を漂う氷山によじ登ろうとしているシロクマです。日本でハムケツと呼ばれるハムスターのオシリが評判になりましたが、同じポーズをシロクマがとると、こうなります。全身が濡れそぼって豊かな毛が体にぴったりついているので、体型が如実に表れ、脂肪のつき方が実に分かりやすいです。シロクマはおなかや足に脂肪があまりつかず、オシリに集中します。だから下が丸い白熱電球に細い足をつけたような体型になるのです

Friends
シロクマの友達

甘えん坊はどちら様?

カナダ、マニトバ州、チャーチル

ハドソン湾に面するチャーチルの町で、シロクマが犬に親しげに頬《ほお》を寄せています。カナディアン・エスキモー・ドッグの繁殖場です。この犬種は1970年代に200頭しかいなくなり、絶滅寸前になりましたが、現在は350頭以上にまで増え、世界各国の犬ぞりレースでも活躍しています。もとは名前の通りイヌイットの猟犬です。このカナディアン・エスキモー・ドッグ・ファウンデーションでも、イヌイットに託された3頭を大切に育て、今では100頭以上が飼育されているそうです。がっしりした体躯《たいく》の猟犬ですが、大変な甘え上手でもあるので、そんなところがシロクマと気が合うのでしょうか

シロクマの恩返し？

カナダ、マニトバ州、チャーチル

1頭のシロクマが目をつむって、シベリアンハスキーの前で寝転んでくつろいでいます。シベリアンハスキーは、その顔をじっと見つめるだけです。十数年前、シロクマがカナディアン・エスキモー・ドッグとじゃれあう写真が発表されて大変話題になりました。日本でも近年その心温まる交流が話題を呼んでいます。もともとは、シロクマが犬のゴハンの食べ残しを食べに来たことに始まります。その恩返しなのでしょうか

おなかペコペコだけど遊びはベツバラ

カナダ、マニトバ州、チャーチル

シロクマとカナディアン・エスキモー・ドッグの交流が見られるのは「シロクマの首都」チャーチルです。人口900人ほどの小さな港町ですが、毎年10・11月になると、町に集まってくるシロクマを見に世界中から約1万人の観光客が訪れます。シロクマが集まるのは、彼らがハドソン湾の中でチャーチル川の河口付近がいちばん早く凍結するのを知っているからです。夏からほぼ絶食のシロクマたちは、大変おなかを空かせています。そんな状態でも、犬と遊ぶのが大好きなシロクマたちがいるのです

結局、どっちが好きなの？

カナダ、マニトバ州、チャーチル

シロクマが少し頭を下げ、カナディアン・エスキモー・ドッグが飛び跳ねています。シロクマはまだそんなに気を許していないくらい。様子見といったところでしょうか。シロクマが頭を下げて、耳を後ろに倒すと、ちょっと危険信号。興奮しているか、状況を確認しているか、それとも逃げようか、と考えているときです。ほかのクマとちがって威嚇してから突進してきません。いきなり突進してくるのです

お鼻は世界のトモダチ

カナダ、マニトバ州、チャーチル

シロクマとカナディアン・エスキモー・ドッグが鼻を寄せ合って、犬も猫も得意なご挨拶ポーズです。人間は主に目に見えるもの、耳に聞こえるもので、この世界を把握していますが、シロクマは鼻がかぐ臭いで世界をとらえています。私たちのように見たり聞いたりしなくても、実際に顔を合わさなくても、鼻からたくさんの情報を得て、世界と交流しているのです

旅のトモダチは同じ色

米国、アラスカ州、
北極圏国立野生生物保護区

大きなシロクマの後ろに小さな純白のキツネが歩いています。ホッキョクギツネです。シロクマの食べ残しをちゃっかりいただこうとしていますが、おうようなシロクマは意に介さないよう。でも、たまにイラつくそぶりを見せます。ホッキョクギツネはシロクマのおこぼれだけでなく、沖合の海氷でアザラシの赤ちゃんを狩ったり、春には装いも新たに毛を灰色がかった茶色に染め、陸で狩りをする氷陸両用です。北極圏全域に生息し、冬の海氷の世界と夏の陸地に適応した唯一の生きものといわれています

ヒトそれぞれ、クマそれぞれ

カナダ、マニトバ州、チャーチル

日本でキツネ、欧米でフォックスといえば、このアカギツネのこと。前頁のホッキョクギツネと同じでシロクマのおこぼれちょうだい組です。ハドソン湾に面するチャーチル近郊の雪の中、ひと休みしているシロクマにアカギツネが鼻をこすりつけています。優しげな目をしたシロクマは、じっとしているだけ。シロクマもヒトと同じで、優しかったり、怒りっぽかったり、犬と遊ぶクマもいれば、犬を食べてしまうクマもいたり、クマそれぞれ。でも、シロクマが生きていくということは、キツネだけでなく、シロカモメやゾウゲカモメ、シロフクロウにオオカミ、グリズリーまで数多くの「おこぼれちょうだい」さんが生きていけるということなのです

Neighbors

シロクマの隣人……

エサにならずエサをもらう方法

カナダ、ヌナブト準州、ランカスター海峡

カナダの北方、デボン島とバフィン島との間の海峡に海氷《かいひょう》が広がっています。小高く隆起した氷の丘の上で若いシロクマのオスが、カモメを狙っている、のではなく、アザラシを探しているのです。目で探しているのではありません。1km離れたアザラシの臭いをかげる鼻で探しているのです。シロクマはハクガンやハシブトウミガラスなどの海鳥を食べることは知られていますが、カロリーとしてはヒトにとってのクッキー程度。ごちそうはなんといっても脂たっぷりのアザラシです。カモメは恐れ気もなく、逆に食べ残しが出るのをすまし顔で静かに待っています

野生動物の楽園で暮らす母子

ノルウェー、スバールバル諸島、スピッツベルゲン島

崖の上でシロクマの子供が左の前足を上げてシロカモメを狙っています。シロクマの食べ残しをいただけるまで、いつもはおとなしく待っているシロカモメが、なぜか攻撃的です。シロカモメの営巣地なので、卵を狙われていると思ったのでしょう。母グマは相手がカモメなので、心配はしていません。子グマは夏で白い毛が薄くなり、顔の真っ黒な地肌が少し見えています。スピッツベルゲン島は、シロクマをはじめセイウチ、クジラ、スピッツベルゲン・トナカイなどが暮らす野生動物の楽園です

アブナイごちそう

ノルウェー、スバールバル諸島、スピッツベルゲン島

セイウチのオスは体重1.5トン、牙の長さは1m、シロクマの2倍もあります。20世紀初頭、その牙を求めて乱獲されたため、スバールバル諸島のセイウチは絶滅に瀕《ひん》しましたが、ノルウェー政府の保護により、今ではセイウチの繁殖地に。シロクマにとっては危ないごちそうで、食べるにはケガを覚悟しなければなりません。老練なシロクマは、陸上ですばやく動けないセイウチの群れを驚かして暴走させ、大混乱で押しつぶされる子供や若いセイウチを狙うそうです

アブラショク動物を知っていますか

シロクマはアザラシを食べることで極寒の地を生き抜き、北極の食物連鎖《しょくもつれんさ》の頂点に君臨しています。アザラシの脂身は灯油の82%にも匹敵する高カロリーで、その脂を身にまとって寒さをしのぎ、夏の絶食にも耐えるのです。そのため、飢えていない限り、大人のシロクマはアザラシの脂だけを食べます。研究者はシロクマのことを肉食動物とはいわず、脂食《あぶらしょく》動物と呼んだりするそうです

Human Being

シロクマと人間

ノコギリの歯の島に暮らすクマ

ノルウェー、スバールバル諸島、スピッツベルゲン島

スピッツベルゲン島に夏が近づき、氷もかなり薄くなってきました。薄い氷を割ってシロクマの暮らす入り江にも船がやってきます。スピッツベルゲンとは、オランダ語でノコギリの歯のような山々という意味です。実際、氷河に削られた切り立った山々や雄大なフィヨルドが広がり、美しい自然と豊かな野生動物を求めて夏には多くの観光船がやってきます

地球最後の日のための種の倉庫

ノルウェー、スバールバル諸島、スピッツベルゲン島

スピッツベルゲン島は夏になると観光ツアーの船がやってきます。人間がシロクマを観察するだけでなく、好奇心旺盛なシロクマは丸窓から船の中を覗いて人間を観察しています。島はシロクマをはじめとする野生動物の楽園となっていますが、実はもう一つの使命があります。「地球最後の日のための種の倉庫」と呼ばれるスバルバード世界種子貯蔵庫の存在です。世界的な干ばつや気候変動、核戦争、小惑星の衝突など地球規模の災害によって地球上の植物が絶滅することを防ぐため、約300万種類の種が山奥の自然の冷蔵庫に保管されています。地球の生態系を未来に残していくためのノアの箱舟としての役割も担っているのです

OCKHOLM
36

シロクマの子供、危機一髪

飛行場で離陸しようとしている飛行機の近くをシロクマの子供が歩いています。子連れの母グマは人間を避けるので、親とはぐれたのでしょうか。少し大きくなった子グマは警戒心が薄く、トラブルを起こしやすい存在なのです。カナダのチャーチルの町では、町に侵入しようとするシロクマを捕らえて収容し、ヘリコプターで川向こうの安全地帯に送り返しています

世界で唯一の安全な場所

カナダ、マニトバ州、チャーチル

チャーチルの町は、シロクマを安全に観察できる世界で唯一の場所といわれています。シロクマ観察ツアーのバギー車は、巨大なタイヤがついているので窓の高さが3mほどもあり、シロクマでも届きません。写真はそのツンドラバギーを改装した移動式ホテルのツンドラロッジ、右端の手前がツンドラバギーです。このロッジがすばらしいのはタイヤがついていて、シロクマが暮らす場所まで連れて行ってくれて、間近で見られること。ただし、海氷がやってくると、シロクマたちは、あっという間に海の彼方へ去って行きます

Ford
Manitoba
RA 1861

シロクマ優先道路

カナダ、マニトバ州、チャーチル

チャーチル野生生物保護区は、シロクマが多く集まる地域。車道といっても10月になるとシロクマが横切ることがあります。シロクマは人間をエサとみなしていませんが、興奮していたり、驚かせたりすると危険な存在になり得ます。シロクマは人間を恐れていないからです。もちろん太ったシロクマより、やせたシロクマのほうが要注意。飢えてイラついているかもしれません

鉄格子の外からコンニチハ

カナダ、マニトバ州、チャーチル

臭いに誘われてきたのでしょうか。料理の最中にふと横を見るとシロクマの大きな顔が。鉄格子があるので入ってくることはありませんが、ぎょっとした瞬間です。それにしてもすごい爪。ほかのクマとちがって短く曲がって先が鋭く、猫の爪に似ています。足の裏もほかのクマとちがって毛におおわれ、氷の上を歩いても滑らないようになっているのです。もちろん保温効果もあります。肉球もすぐれもので、表面がザラついた自然のノンスリップ素材で、いつも温かく氷の上でも凍えません

シロクマの見ている世界

カナダ、マニトバ州、チャーチル

前頁のぎょっとした料理人と打って変わって、こちらのカメラマンは満面の笑み。ツンドラバギーの窓辺です。気のせいか、シロクマまでにこやかに見えます。じっと見つめる茶色い虹彩《こうさい》の目には、何が見えているでしょう。シロクマは緑色が見えない程度で視力や色覚でヒトと大きな差はありませんが、長い北極の夜で狩りができるように夜目がききます

シロクマとヒトのご挨拶

カナダ、マニトバ州、チャーチル

フェンス越しにお互いを確かめ合うシロクマとヒト。シロクマは鼻を相手に近づけて154頁のように犬とご挨拶できるだけでなく、ヒトともご挨拶できるようです。森で葉が1枚落ちると、それを見なくても、落ちる音が聞こえなくても、臭いで分かると言い伝えられるクマの臭覚。臭いだけで、ヒトが決して知ることがない、たくさんのことが分かるのでしょう。それにしても勇気のある行動ですが、マネをするのはおやめください。「シロクマの首都」を宣言するチャーチルの町でのヒトコマでした

Love Me Tender

やさしいシロクマ

小さなつぶらな瞳のヒミツ

仲むつまじいカップルのようなシロクマの写真は、たいがい母子で、この2頭も母子です。子グマは2年半も母親と一緒に暮らすので、母グマより大きな子もいます。しかし、2頭ともかなりの美形グマ。シロクマはヒグマなどとちがって顔が細長く、特に横から見たときの額から鼻にかけてのラインがすっきりとつながって美しいです。まばゆい白一色の世界で雪盲《せつもう》にならないよう、小さくつぶらな目をしています

透明な毛、真っ黒な肌、そして子グマは？

ノルウェー、スバールバル諸島

マンガで表現する右目の位置に黒くなった氷の塊《かたまり》があって、可愛いお嬢さんのように見えるシロクマです。流線型の美しい体、首と足が長いこともよく分かります。毛はところどころ薄茶色に染まっていますが、きれいな毛並みです。シロクマの毛は白ではなく、内部が中空の透明で、光が乱反射して白く見えているだけ。空洞に汚れが入ると黄色っぽくなり、動物園でたまに見かける緑グマは、内部に藻が発生したもの。逆に肌は全身、顔を含めて真っ黒です。透明なチューブのような毛は保温効果や泳ぐときの浮力にはなりますが、光ファイバーのように熱を黒い肌に伝えるという説は誤り。北極の冷たい冬に明るい昼はなく、陽の射す夏に暑さは大敵だからです。生後5カ月までの子グマの肌はピンク、ちなみにヒグマはずっとピンク

流氷の船に乗った白いバイキング

カナダ、ヌナブト準州、バフィン島

ヌナブトはイヌイットの自治準州で、グリーンランドと並ぶようにカナダ北東部の北極圏に位置し、巨大な島々がたくさんあります。その北極諸島と呼ばれる島々で、最大の島がバフィン島。島に近い流氷の上、犬や猫がするように手枕をして気持ちよさそうにシロクマが寝ています。流氷というのは真っ平らなものはほとんどなく、局所的な圧力や流氷どうしがぶつかったりして、氷の折り重なりや小高い氷丘《ひょうきゅう》、それが連なる氷丘脈《ひょうきゅうみゃく》がいたるところにあり、シロクマの休息場所にもなっています。のんびりしているように見えて1頭のシロクマの行動範囲は、100万km^2近くに達するものや5千km以上移動するものもいるほど。日本の面積が37万km^2ですから、その行動力は驚異的。まさに流氷の船に乗った白いバイキングです

シロクマを未来に
残したい！

カナダ、マニトバ州、チャーチル

しんとした白い枯れ野にたたずみ、雪曇りのおだやかなひとときを過ごすシロクマ。悲しげなまなざしは未来の憂いを含んでいるかのようです。シロクマの暮らす北極の海氷は、冬場は約1,500万km^2、夏場は融けて約700万km^2に半減します。1979年以降、北極圏の海氷面積は約30%も縮小しているのに、2014年の夏には519万km^2まで減少しました。地球温暖化の影響で海氷が融け出す時期が早まり、結氷するのが遅くなっています。シロクマは絶滅《ぜつめつ》危《き》惧種《ぐしゅ》。今世紀の最初の10年で約4割の個体が失われました。このままでは、2050年までにシロクマの約3分の2が地球上から姿を消し、21世紀末には絶滅する可能性があるのです

索　引

参考文献

『ホッキョクグマ 生態と行動の完全ガイド』アンドリュE. デロシェール（東京大学出版会）
『Bears: Monarchs of the Northern Wilderness』Wayne Lynch（Mountaineers Books）
『On Thin Ice: The Changing World of the Polar Bear』Richard Ellis（Knopf）
『Polar Bears』Norbert Rosing（Firefly Books）
『The World of the Polar Bear』Norbert Rosing（A&C BLACK・LONDON）
『流氷の世界』青田昌秋（成山堂）
『白い海、凍る海 オホーツク海の不思議』青田昌秋（東海大学出版会）
『新版 氷の科学』前野紀一（北海道大学出版会）
『北極の気象と海氷 気胸研究ノート 第222号』山崎孝治・藤吉康志編（日本気象学会）
『SORA 季刊そら 2012 秋号vol.17 特集北極はいま』
『NATIONAL GEOGRAPHIC 日本版 2013年 05月号 特集・極北の孤島に生きる』（日経ナショナルジオグラフィック社）
『ホッキョクグマ』岩合光昭（新潮社）
『ホッキョクグマの王国』福田俊司（文一総合出版）
『ホッキョクグマの親子』ノアバート・ロージング（二見書房）
『北極のナヌー Arctic Tale』リンダ・ウルバートン他（日経ナショナル ジオグラフィック社）
『大自然の動物ファミリー5 ホッキョクグマ』トーア・ラーセン／シュビレ・カラス（くもん出版）
『海獣図鑑』荒井一利（文溪堂）
『秘境の野生動物とふれあう旅』マーク・カーワディン（エクスナレッジ）
『こんちき号北極探検記 ホッキョクグマを求めて3000キロ』あべ弘士（講談社）
『HUG! Friends シロクマと犬の友情の物語。』丹葉暁弥／ひすいこうたろう（小学館）
『ナヌークの贈りもの』星野道夫（小学館）
『北極シロクマ　南極ペンギン ARCTIC』リサ・ヴォート（メディア・ランド）
『親と子の写真絵本⑩こおりの くにの シロクマおやこ』前川貴行（ポプラ社）
『北極熊ナヌーク ICE BEAR』ニコラス・デイビス／ゲイリー・ブライズ（BL出版）
「BBC地球伝説 野生のホッキョクグマに密着!—母と子の1年を追う—」
「BBC ERTHスカイカムシリーズ 氷上の王者ホッキョクグマの素顔」
「地球ドラマチック 異変! ホッキョクグマ〜氷のない世界で生きる〜ICE BEAR」
NHK（Longest Summer Productions Inc. カナダ）
「シロクマ物語 SVALBARD: WHERE POLAR BEARS ROAMS/POLAR」
監督 ボー・ランディン、アーネ・ヘヴラ
「ホワイトワールド Legends of the ice world/Arctic survivor」
監督 ウルリヒ・ネーベルジーク、ボー・ライディン
POLAR BEAR INTERNATIONAL（PBI）
http://griffin.cx/canada-goose/products/information/pbi.html
ホッキョクグマの保護活動　WWFジャパン
http://www.wwf.or.jp/activities/wildlife/cat1014/cat1050/

構成・文
澤井聖一（さわい せいいち）

株式会社エクスナレッジ代表取締役社長、月刊『建築知識』編集兼発行人。生態学術誌*Κυανοσ οικοσ*（キュアノ・オイコス、鹿児島大学海洋生態研究会刊）・生物雑誌の編集者、新聞記者などを経て、建築カルチャー誌『X-Knowledge HOME』、住宅雑誌『MyHOME+』創刊編集長。著作に書籍「死ぬまでに見たい！ 絶景のペンギン」「世界の美しい色の町、愛らしい家」、企画編集に「世界の美しい透明な生き物」「世界で一番美しいイカとタコの図鑑」「世界の美しい色の鳥」「世界の夢の本屋さん」「奇界遺産」などがある

装幀・デザイン
山田知子（chichols）

写真提供
gettyimages
アフロ
アマナイメージズ

死ぬまでに見たい！
絶景のシロクマ

2015年7月10日　初版第1刷発行

発行者　澤井聖一
発行所　株式会社エクスナレッジ
〒106-0032　東京都港区六本木7-2-26

問合せ先　編集　TEL：03-3403-6796
Fax：03-3403-1345
info@xknowledge.co.jp
販売　TEL：03-3403-1321
Fax：03-3403-1829